·麋鹿故事·

麋鹿家园

钟震宇　张鹏骞 ◎ 编著

北京科学技术出版社

**图书在版编目（CIP）数据**

麋鹿家园 / 钟震宇，张鹏骞编著. —北京：北京科学技术出版社，2019.8
（麋鹿故事）
ISBN 978-7-5714-0305-8

Ⅰ.①麋… Ⅱ.①钟… ②张… Ⅲ.①麋鹿–介绍 Ⅳ.① Q959.842

中国版本图书馆CIP数据核字（2019）第099993号


**麋鹿家园（麋鹿故事）**

作　　者：钟震宇　张鹏骞
责任编辑：韩　晖　李　鹏
封面设计：天露霖
出 版 人：曾庆宇
出版发行：北京科学技术出版社
社　　址：北京西直门南大街16号
邮政编码：100035
电话传真：0086-10-66135495（总编室）
　　　　　0086-10-66113227（发行部）　0086-10-66161952（发行部传真）
电子信箱：bjkj@bjkjpress.com
网　　址：www.bkydw.cn
经　　销：新华书店
印　　刷：北京宝隆世纪印刷有限公司
开　　本：880mm×1230mm　1/32
字　　数：171千字
印　　张：7.625
版　　次：2019年8月第1版
印　　次：2019年8月第1次印刷
ISBN 978-7-5714-0305-8 / Q · 164

定　　价：80.00元（全套7册）

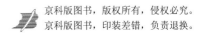

# 前　言

　　麋鹿（*Elaphurus davidianus*）是一种大型食草动物，属哺乳纲（Mammalia）、偶蹄目（Artiodactyla）、鹿科（Cervidae）、麋鹿属（*Elaphurus*）。又名戴维神父鹿（Père David's Deer）。雄性有角，因其角似鹿、脸似马、蹄似牛、尾似驴，故俗称"四不像"。麋鹿是中国特有的物种，曾在中国生活了数百万年，20世纪初却在故土绝迹。20世纪80年代，麋鹿从海外重返故乡。麋鹿跌宕起伏的命运，使其成为世人关注的对象。

# 目　录

　　家园，是一个温馨的词汇。家园能为我们提供庇护，供我们生存，家园中有与我们相知相爱的友人和家人。大千世界里，万千生命都有自己的"家园"。我们把野生动物生长生活、繁衍后代的"家园"称为栖息地（habitat）。栖息地是物理和生物的环境因素的总和，它能够为野生动物提供食物，防御捕食者。各种动物按照适合生存的环境条件来选择栖息地。

　　何处是麋鹿的家园？这是动物学和生态学工作者长期关注的焦点问题。事实上，自1985年麋鹿重引入项目实施后，科学家走遍我国大江南北，从未间断对麋鹿家园的寻找。

▲ 麋鹿苑（钟震宇/摄）

# 保护之路

麋鹿是我国特有的物种。新石器时代至商、周时期是野生麋鹿种群发展的鼎盛时期，周代是麋鹿发展由盛而衰的转折时期，此后麋鹿的数量逐渐减少。气候变化、生态环境改变及过度捕猎是麋鹿最终在野外灭绝的主要原因。

玛雅·博依德是英国牛津大学的动物行为学博士，是麋鹿重引入项目的重要参与者、推动者之一。她是第一代为麋鹿寻找家园的科学家的代表，她在回忆录《我在中国三十年》中写道："来中国之前，我和十四世贝福特公爵罗宾都希望将第一批麋鹿送回它们的原始栖息地，即长江沿岸或东部地区。"

乌邦寺，外国的家

1900年，麋鹿在中国灭绝了，而被带到欧洲的麋鹿分散饲养在法国、德国、比利时、英国等国家的动物园里，生存和繁殖情况令人担忧。这是麋鹿种群最艰难的时光，它们濒临灭绝。

1901年3月，英国的贝福特公爵家族将流落于欧洲各地的麋鹿收归一处，放养于家族的私人庄园——乌邦寺庄园。

▲ 英国乌邦寺及麋鹿种群（玛雅·博依德/摄；多米尼克/供图）

乌邦寺庄园位于伦敦北部，全年温和湿润，属于温带海洋性气候。乌邦寺庄园专门为麋鹿、马鹿、梅花鹿等鹿科动物开辟了"鹿苑"，虽然面积不是很大，但是灌木草丛、疏林地、人工林地、湿地等植物类群一应俱全，非常适宜鹿科动物在这里休养生息。冬季，麋鹿的栖息地是覆盖着欧洲蕨的山岗；夏季，麋鹿在湿地周边的开阔草场上活动。正是在这样相对自然的环境下，麋鹿数量逐年增加，1953年达到395只。

▲ 英国乌邦寺"鹿苑"中的马鹿

麋鹿苑，中国的家

　　第一批重引入的麋鹿在1985年8月经陆运从英国到达法国，再搭乘法航航班抵达北京。很快，这些麋鹿被送到了位于北京市大兴县的南海子麋鹿苑。这里是麋鹿回归故乡后的第一个家园，也是麋鹿的科学发现地和本土灭绝地。麋鹿重引入项目专家组最初把北京麋鹿苑定位为扩大麋鹿数量的繁育地。

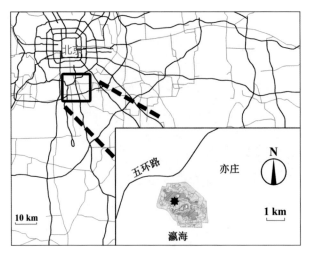

▲ 北京麋鹿苑区位图

南海子位于原清朝皇家猎苑的中心地区。由于气候变化和社会的发展，这里原来遍布泉眼、河流交错的湿地环境，变成了养猪场、养鸡场以及废弃的干涸水库。为了迎接麋鹿回归，麋鹿中心对该区域进行了必要的改造：清洁场地、净化水体、挖掘淡水井等，这对麋鹿的重引入起到了重要作用，麋鹿苑雏形初现。2007年以后，麋鹿苑进行了湿地环境恢复建设。至今，北京麋鹿苑已恢复表流湿地10公顷。

▲ 北京麋鹿苑湿地生态景观（钟震宇/摄）

▲ 1985年修建的北京麋鹿苑院墙（玛雅·博依德/摄；多米尼克/供图）

　　北京麋鹿苑占地面积66公顷，其中麋鹿保护核心区面积40公顷，其余为科普设施区。这里的年平均气温为13.1℃，1月平均气温为–3.4℃，7月平均气温为26.4℃，年均降水量达568.3毫米，属于典型的暖温带半湿润大陆季风气候。

▲ 密林溪流，徜徉而过（钟震宇/摄）

▼ 呦呦鹿鸣，食野之苹（钟震宇/摄）

经过30多年的环境恢复和保护，麋鹿苑成为京南最重要的湿地和生物多样性最丰富的地区。北京麋鹿苑现有高等植物229种，包含乔木54种，小乔木、灌木30种，藤本植物17种，草本植物128种；野生脊椎动物273种，包含鱼类20种，两栖、爬行类8种，鸟类233种，兽类12种。

▲ 在北京麋鹿苑过冬的野鸟（钟震宇/摄）

▲ 北京麋鹿苑丰富的物种（张鹏骞/摄）

动物园，城市的家

2014—2015年，我国有60个动物园、野生动物园、鹿场和公园饲养有麋鹿。最北的分布点为黑龙江哈尔滨动物园，最东的分布点为山东荣成栖霞口动物园，最西的分布点为青海西宁动物园，最南的分布点为海南枫木鹿场。从1989年开始到2018年，北京麋鹿苑输出了490多只麋鹿，直接建立37个迁地种群，占我国麋鹿种群总数的60%。

▼ 海南枫木鹿场

▲ 济南动物园

麋鹿被带到欧洲后，主要圈养于巴黎、安特卫普、科隆、柏林等城市的动物园。由于种群小和生存空间受限，麋鹿数量不但没有增长反而不断减少。现在，我国许多城市的动物园都有麋鹿，但很少能形成稳定的繁育种群。事实一再证明，动物园不是麋鹿最终的家。

麋鹿作为一种适应湿地环境的大型草食性野生动物，对环境变化非常敏感，对栖息地的要求很高。而在动物园，麋鹿被圈养在一个小小的围栏内，缺少麋鹿喜爱的湿地环境。既然如此，人们为什么还要在动物园圈养麋鹿呢？

这一问题应从动物园所承担的职能说起。动物园（zoological garden）是搜集、饲养各种动物，进行科学研究和迁地保护，供公众观赏并进行科学普及和保护宣传教育的场所。各地动物园通过饲养繁育，不断扩充麋鹿种源和个体数量，达到保种的目的；通过让公众与动物园麋鹿面对面，开展保护宣传教育，提升公众保护意识，带动公众参与麋鹿保护，最终推进麋鹿的保护。对麋鹿来说，动物园就是它在城市里的家。

# 还家之路

## 麋鹿古家园

化石是存留在古代地层中的古生物遗体、遗物或遗迹。科学家对野生动物的化石进行研究，可以了解动物生存的年代、判断该种动物的原始分布地点和环境。从出土的麋鹿骨骼化石来看，麋鹿曾分布在北京、湖北、山东、安徽、江苏、上海、天津、河北、河南、浙江等省市，主要集中在长江中下游地区、黄海之滨。

由此可见，我国东部平原曾是麋鹿的家园，这片区域地势平坦、水资源丰富、气候湿润温暖、植物种类繁多，是麋鹿理想的栖息地。

麋鹿自然之家

麋鹿重引入项目启动之初,麋鹿保护专家就开始在我国大江南北麋鹿的古分布区域内寻找适合麋鹿生活的栖息地。麋鹿栖息地的选择需遵循以下4点原则:①位于麋鹿原始分布区之内,曾经是麋鹿的自然栖息地;②现在仍具备麋鹿栖息的必需条件;③是典型的江河泛滥湿地;④得到当地政府和人民的支持。

北京麋鹿生态实验中心组织专家在湖北省石首市找到了天鹅洲长江故道湿地。该地区具有较广泛的代表性,各个故道都与长江保持着或多或少的连接,彼此间也有通道相连,便于麋鹿自然扩散。1992年,湖北石首麋鹿国家级自然保护区正式成立。

石首麋鹿自然保护区面积1567公顷。地势由故道水面逐渐向江岸升高。故道岸边有较开阔的草滩,区内沟渠纵横,散布着一些浅水坑塘。植被以荻、芦苇群落为主,局部地段还生长着成片的旱柳灌丛。

　　1993年、1994年和2002年，北京麋鹿苑分3批输送共94只麋鹿，在石首麋鹿自然保护区开展建群。建群以来，麋鹿在保护区内完全依靠自然生长的野生植物为食，仅在洪涝灾害和冰雪灾害时人为提供食物，麋鹿处于自由生活状态。

▲ 湖北石首麋鹿国家自然保护区的麋鹿（钟震宇/摄）

　　不仅在湖北石首，北京麋鹿苑还在浙江、天津、河北的一些自然保护区进行考察和建群，尝试建立麋鹿自然种群。2013年，北京麋鹿苑在江西省鄱阳湖国家湿地公园进行了麋鹿建群试验；2018年4月3日，在鄱阳湖放归了47只麋鹿，让麋鹿回归其自然栖息地。

▲ 工作人员在河北沧州南大港湿地考察麋鹿迁地保护种群场所（张鹏骞/摄）

▲ 天津宁河七里海湿地麋鹿种群（张鹏骞/摄）

1986年，江苏大丰麋鹿国家级自然保护区在江苏省大丰市建立，从英国引入39只麋鹿放养在这里。江苏大丰麋鹿国家级自然保护区位于黄海之滨，保护区总面积78000公顷，其中核心区面积2668公顷、缓冲区面积2220公顷、实验区面积73112公顷。如今保护区拥有麋鹿4000多只。

麋鹿新家园

　　1998年夏天，长江发生了特大洪水，湖北石首麋鹿国家级自然保护区几乎被洪水淹没，一部分麋鹿仓皇逃出天鹅洲。失去庇护的麋鹿，居无定所，滞留在长江故道边的芦苇地。这些芦苇地多由当地芦苇站管理，到冬季芦苇全部收割，麋鹿无法驻足，这些走失的麋鹿一部分在距离天鹅洲不远的天星洲故道杨波坦和长江沿岸三合垸芦苇地定居；还有小部分远走80多千米，达到湖南省的洞庭湖，在那里定居，繁衍生息。石首境内的杨波坦、三合垸和湖南东洞庭湖麋鹿国家级自然保护区是完全由麋鹿自己选择的家园，成为麋鹿的新家园。

▲ 东洞庭湖麋鹿群

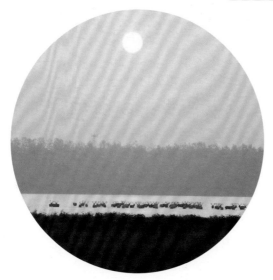

▶ 湖北石首麋鹿群（钟震宇/摄）

## 麋鹿邻居

　　麋鹿择水而居，但不是独享湿地的唯一物种。在麋鹿栖息地还生活着各种各样的动物、植物，它们与鹿为伴，都是湿地生态系统的重要组成部分。它们之间有着微妙的关系，正如工业生产线一样，环环紧扣，分工明确，与麋鹿组成有趣的伴生关系。

▼ 麋鹿与牛背鹭（钟震宇/摄）

　　牛背鹭、达乌里寒鸦、喜鹊、八哥，这些野生鸟类常常"陪伴"在麋鹿左右，还不时停落在麋鹿身上。牛背鹭特别喜欢跟着正在进食的麋鹿群，围在麋鹿周围；麋鹿行走时，牛背鹭正好啄食被惊飞的昆虫。寒鸦、喜鹊和八哥们凭借高超的飞翔技术，忽上忽下、忽来忽往，在麋鹿爬卧休息的时候时不时来一次"亲密接触"，麋鹿也不在意鸟儿们骑在头上。原来，麋鹿身上有寄生虫，这些鸟儿可以啄食藏在毛丛里的寄生虫，为麋鹿解除烦恼。

▲ 麋鹿与喜鹊（钟震宇/摄）

# 未来之路

### 维护家园

2014年5月，东洞庭湖的一只野生麋鹿被废弃渔网缠住；2018年6月，鄱阳湖一只野生麋鹿被渔网和绳索缠住……

湿地具有强大的物质生产功能，它蕴藏着丰富的动植物资源，人类看中了这一点，不断地开发湿地的经济价值，如造田、种植、养鱼、捕鱼、航运、建水库、建游乐场等，也正因为这个原因，如今的湿地，麋鹿的活动范围不断缩小。

保护麋鹿家园即保护麋鹿栖息地，其中保障麋鹿食物和饮水来源是核心，任何情况下都要保障麋鹿的食物充足和饮水清洁。通常，保护人员会为麋鹿储备一定数量的饲料和牧草。对于麋鹿来说，饲料与野生杂草相比，口感更好、营养更全面。

维持栖息地生态平衡也是保护麋鹿栖息地的重要内容。第一，可以通过人工栽培或自然恢复来构建麋鹿迁地种群所在地的植被群落。人工栽培要优先选择当地的乡土树种，自然植被恢复过程中应注意监控外来植物入侵本地植物资源。第二，要坚持以科学的方式来治理栖息地环境。"落叶归根""落红不是无情物，化作春泥更护花"等古语已经用朴实的言语描述了自然生态的循环变化。生态治理就是要尊重自然环境下动植物的客观变化，尽量减少人为干扰。

生态之路

　　我们常说麋鹿是湿地生态系统的旗舰物种（flagship species）。旗舰物种是指某个对社会生态保护力量具有特殊号召力和吸引力的物种，可促进社会对物种保护的关注，是地区生态维护的代表物种。旗舰物种至少包含两层含义：一是其他物种或生态环境可以在旗舰物种庇护下得到有效保护；二是旗舰物种对特定生态环境具有指示作用，即良好的生态环境可以满足该物种生存，较差的生态环境无法满足该物种生存。

▲ 麋鹿的好伙伴——河麂 （*Hydropotes inermis*）（张鹏骞/摄）

▲ 麋鹿与湿地（张鹏骞/摄）

▲ 江苏大丰麋鹿国家级自然保护区野生麋鹿种群栖息地（张鹏骞/摄）

▲ 湖北石首麋鹿国家级自然保护区内拍摄到的蛇（张鹏骞/摄）

　　20世纪90年代中期，随着北京城市发展，近郊区成了城市建设的热点地区。麋鹿苑周边因地处永定河冲积平原，地下蕴藏大量的建筑用沙子，导致麋鹿苑围墙外的土地被挖得满目疮痍，随后又有人开始填埋垃圾。这对当地环境产生了极大的破坏。为了麋鹿的生存安全，麋鹿保护工作者不断呼吁，制止这种破坏环境的行为，要求重视保护当地环境，保护好北京重要的大型国家重点保护动物。2010年，南海子公园（一期）竣工并对外开放。南海子公园是北京落实城南行动计划的第一个重大生态工程，全部建成后总面积超过1100公顷，是北京市最大的湿地公园。

▲ 南海子公园

　　北京麋鹿苑经过30多年的努力，为北京南城保留了一块自然和谐的绿地、生机盎然的湿地。在麋鹿这一旗舰物种的庇护下，其他动物和植物也得到了有效保护，植物种类越来越丰富，越来越多的动物也选择栖息在这里。2015年，北京南海子麋鹿苑被市民推举为北京市十佳生态旅游观鸟地。

### 建设美丽中国

　　自然生态的变迁决定着人类文明的兴衰更替。习近平总书记在阐述生态与文明的关系时指出：生态兴则文明兴，生态衰则文明衰，坚定不移地走生态优先、绿色发展的道路，完成"美丽中国"的宏伟目标。改革开放40年以来，社会各界环境保护意识明显提高，绿色发展理念深入人心。减少塑料购物袋等一次性用品使用，"随手拍"拯救家乡河流，抵制破坏野生动物栖息地，开展光盘行动……越来越多的公民积极践行绿色生活方式和消费理念。

▲ 湖北石首麋鹿国家级自然保护区三合垸的野生麋鹿（张鹏骞/摄）

　　大自然是人类赖以生存和发展的物质基础，是我们的共同家园。麋鹿和其他动物都是这个家园的一分子，是我们生存环境的必要组成部分，人与自然为一个生命共同体。我们要学会尊重自然、顺应自然、善待自然、呵护自然，自觉维护自然，与自然和谐相处，让"生命共同体"生生不息。

　　让我们共同努力，建设天蓝、地绿、山青、水净的美丽中国！

## 参考文献

[1] 孙儒泳.动物生态学原理[M].北京：北京师范大学出版社，2001.

[2] 曹克清.麋鹿研究[M].上海：上海科技教育出版社，2005.